高职高专规划教材

工程制图习题集

邢国清 主编

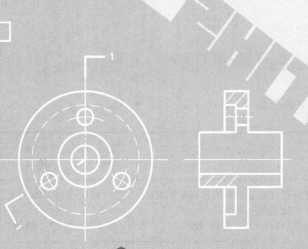

化学工业出版社
·北京·

本习题集与《工程制图》（邢国清主编）配套使用。本习题集在编写过程中突出改革后教学大纲的特点，内容由浅入深，同时兼顾教学、自学等多方面需求，具有实用性和易于接受的特点。使用时可根据专业特点及教学时数的不同，对内容做出适当的调整。

本书适合高职高专建筑设备类工程技术、供热通风与空调工程技术、建筑电气工程技术、楼宇智能化工程技术、给水排水工程技术、城市燃气工程技术等专业作为制图课程的教材，也可供从事相关专业的设计、生产的工程技术人员参考。

图书在版编目（CIP）数据

工程制图习题集/邢国清主编. —北京：化学工业出版社，2010.8（2024.9重印）
高职高专规划教材
ISBN 978-7-122-09124-6

Ⅰ．工… Ⅱ．邢… Ⅲ．工程制图-高等学校：技术学院-习题 Ⅳ．TB23-44

中国版本图书馆 CIP 数据核字（2010）第 133690 号

责任编辑：王文峡   文字编辑：项 激
责任校对：蒋 宇   装帧设计：尹琳琳

出版发行：化学工业出版社（北京市东城区青年湖南街 13 号 邮政编码 100011）
印　　装：涿州市般润文化传播有限公司
787mm×1092mm 1/16 印张 6¾ 字数 82 千字 2024 年 9 月北京第 1 版第 3 次印刷

购书咨询：010-64518888   售后服务：010-64518899
网　　址：http://www.cip.com.cn

前　言

本习题集与《工程制图》（邢国清主编）配套使用。

本习题集在编写过程中突出改革后教学大纲的特点，内容由浅入深，同时兼顾教学、自学等多方面需求，具有实用性和易于接受的特点。使用时可根据专业特点及教学时数的不同，对内容进行适当的调整。

本习题集由山东城市建设职业学院邢国清担任主编，全书由山东城市建设职业学院邢国清、山东城市建设职业学院冀翠莲编写。

由于时间仓促，不足之处敬请读者批评指正。

编者

2010 年 6 月

目　录

字的练习 …………………………………………… 1

字格的练习 ………………………………………… 4

比例尺的应用 ……………………………………… 5

尺寸标注 …………………………………………… 6

点的投影 …………………………………………… 8

直线的投影 ………………………………………… 11

平面的投影 ………………………………………… 19

立体的投影 ………………………………………… 25

立体的尺寸标注 …………………………………… 36

轴测图投影 ………………………………………… 41

体表面的展开 ……………………………………… 46

剖面图 ……………………………………………… 48

断面图 ……………………………………………… 51

字的练习（一）

建筑制图设计说明总平面立剖断详图长宽高比例尺寸基础房屋东

脚手架上下左右阳台门窗结构承重东西南北楼梯挡板梁雨篷框泵

散坡沟洞混凝土风机泵灰土配件箍预埋件水泥沙砂材料槽孔材料

班级　　姓名　　学号

字的练习（二）

毡 保 护 风 机 防 水 层 房 屋 隔 热 瓦 砖 条 椽 检 查 吊 揽 顶 棚 闸 挂 弯 管 泵 站

排 口 孔 阀 门 流 量 压 力 速 度 盖 檐 隔 断 墙 砌 拱 缝 沉 降 软 管 弯 直 变 形 梁

地 下 室 深 井 泵 机 配 件 箍 预 埋 件 细 石 压 力 流 量 沙 砂 节 流 槽 孔 通 风 机

班级　　姓名　　学号

字的练习（三）

ABCDEFGHIJKLMNOPQRSTUVWXYZ

1234567890123456789012 34567890

a b c d e f g h i j k l m n o p q r s t u v w x y z

班级　　姓名　　学号

字格的练习

班级　　姓名　　学号

比例尺的应用

1. 用下列各比例画出长度为 1000mm 的直线。

(1) 1：100

(2) 1：50

(3) 1：30

(4) 1：20

(5) 1：15

2. 用下列比例量取直线 AB，其长度各为多少？

A _____ B

1：1＝   1：50＝

1：5＝   1：30＝

1：10＝   1：50＝

1：20＝   1：1500＝

3. 按 1：10 的比例作一直径为 500mm 的圆。

4. 根据给定的比例标注下面两个构件的尺寸（保留整数）。

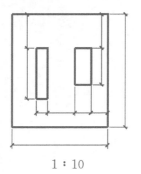 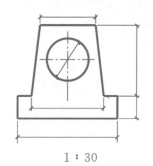

1：10   1：30

5. 按照下图所示尺寸，按 1：200 的比例画图，并标注尺寸。

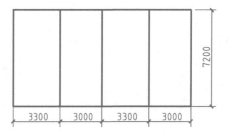

班级   姓名   学号

尺寸标注（一）

1. 长度尺寸的标注。

2. 直径尺寸的标注。

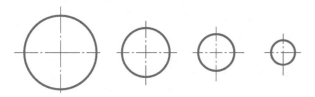

3. 半径尺寸的标注。

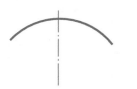

4. 角度尺寸的标注。

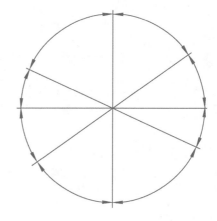

5. 补画尺寸起止符号，并通过测量填写尺寸数字。

班级　　　姓名　　　学号

尺寸标注（二）

分析图中尺寸标注的错误，并在下图重新正确标注。

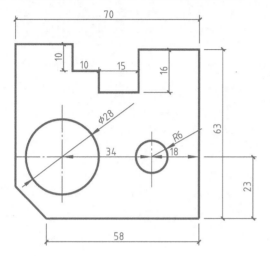

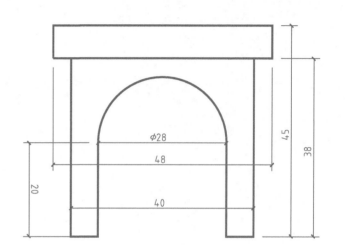

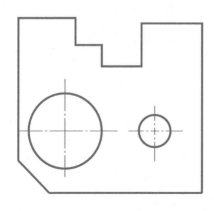

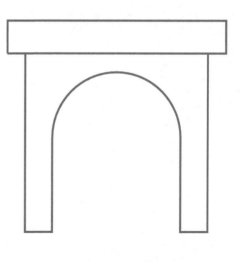

班级　　　姓名　　　学号

点的投影（一）

1. 已知形体的立体图和投影图，在投影图上标出 A、B、C、D 点的投影图。

(1)

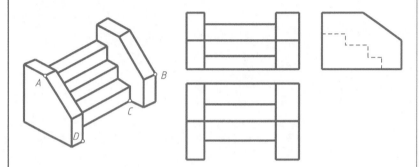

(2)

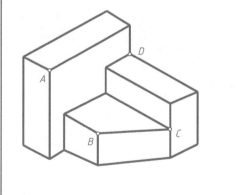
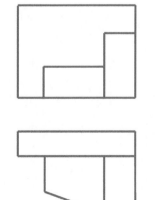

2. 已知形体的立体图及投影图，在立体图上标出点 E、F、G 点的位置。

(1)

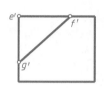

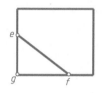

(2)

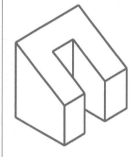
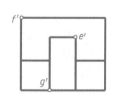
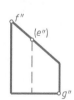
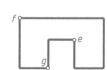

班级　　　姓名　　　学号

点的投影（二）

3. 已知各点的空间位置，求作其三面投影图（取整数）。

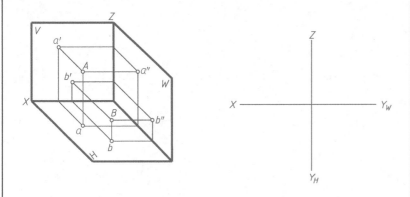

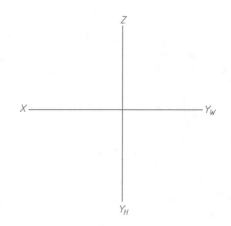

5. 已知点的坐标 A（10，10，15）、B（20，15，10）、C（15，20，25），求作其三面投影面。

4. 已知各点的两面投影，求作其第三面投影图。

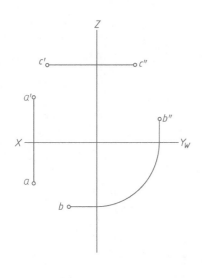

6. 求出点 A、B、C、S 的第三面投影，并把同名投影用直线连起来。

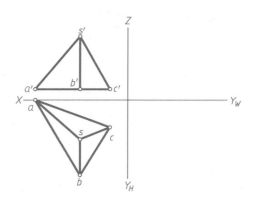

班级　　　姓名　　　学号

点的投影（三）

7. 已知点 A 距 H 面 20mm，距 V 面 15mm，距 W 面 10mm，点 B 在点 A 上方 10mm，正前方 8mm。作出点 A、点 B 的三面投影。

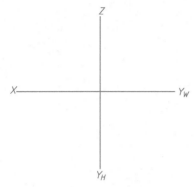

8. 已知点 A 在 V 面上，点 B 在 H 面上，点 C 在 W 面上，作出点的另两面投影。

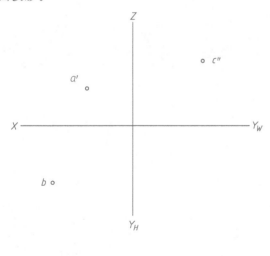

9. 判断下列投影图中 A、B、C、D、E 五个点的相对位置。填入表中。

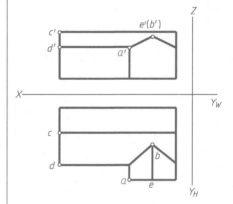

点 A 在点 B 的 _____
点 B 在点 E 的 _____
点 A 在点 D 的 _____
点 A 在点 E 的 _____
点 C 在点 D 的 _____

10. 已知 A、B 两点的投影，求点 C 的投影，使点 A 成为点 B 与点 C 的对称中心点。

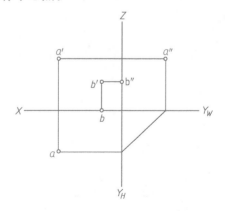

班级　　　姓名　　　学号

直线的投影（一）

1. 求下列各直线的第三面投影，并判别各直线对投影面的相对位置，并用 α、β、γ 表示与投影图的真实夹角。

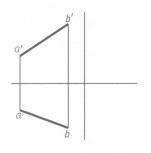

AB 是____

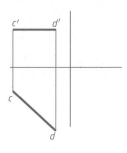

CD 是____

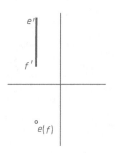

EF 是____

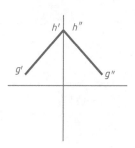

GH 是____

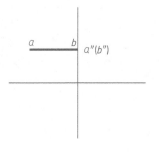

AB 是____

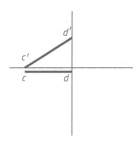

CD 是____

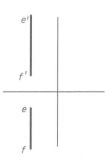

EF 是____

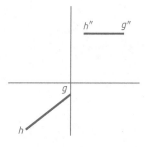

GH 是____

班级　　　姓名　　　学号

直线的投影（二）

2. 已知直线 AB 两点坐标 $A(30，15，10)$、$B(15，5，25)$，作直线 AB 的三面投影图及立体图。

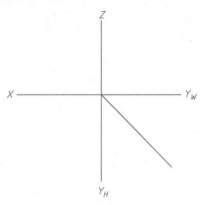

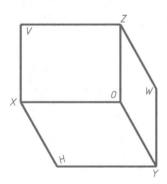

3. 在直线 AB 上求一点 C，使 C 到 V 面和 H 面的距离相等。

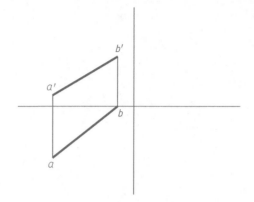

4. 求直线 AB 的投影，使得该直线上任意点到三投影面的距离相等。

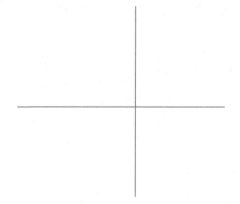

班级　　姓名　　学号

直线的投影（三）

5. 已知铅垂线 *AB* 端点 *A* 的投影，*AB* 长 20mm，*B* 点在 *A* 点上方，求其三面投影图。

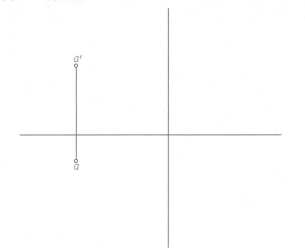

6. 已知直线 *CD* 平行于 *V* 面，点 *C*、*D* 距 *H* 面分别为 5m 和 15mm，求其投影图。

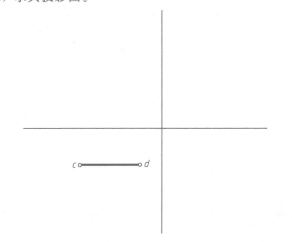

7. 已知点 *E* 的投影，过点 *E* 作水平线 *EF*，长 15mm，$\beta=30°$，*F* 在 *E* 的右前方。

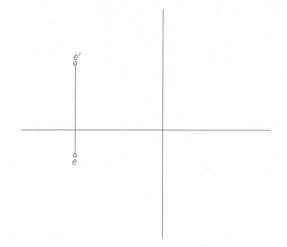

8. 已知直线 *GH* 垂直于 *W* 面，距 *H* 面距离为 10mm，长为 25mm，求其三面投影图。

班级　　　姓名　　　学号

直线的投影（四）

9. 判断下列各点是否在直线上。

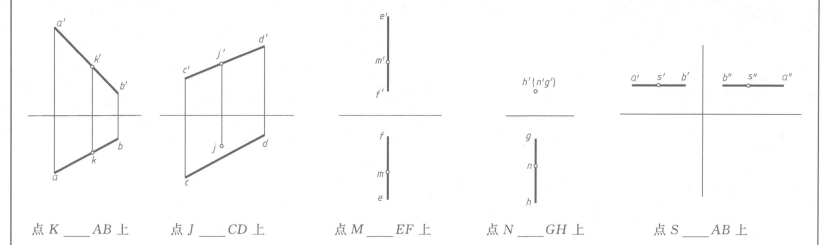

点 K ＿＿＿ AB 上　　　点 J ＿＿＿ CD 上　　　点 M ＿＿＿ EF 上　　　点 N ＿＿＿ GH 上　　　点 S ＿＿＿ AB 上

---

10. 已知点 K 在直线 AB 上，求直线及点的其他投影。

11. 求直线 CD 上的点 K 的投影，使 CK：KD＝1：3。

12. 求直线 EF 上的点 G，使点 G 到 H 面的距离为 15mm。

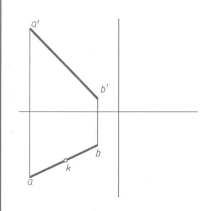

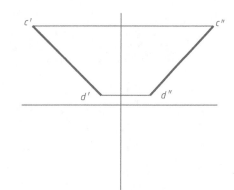

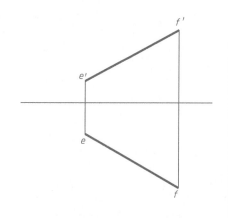

班级　　　姓名　　　学号

直线的投影（五）

13. 已知直线 AB 的两面投影，求其实长和对 H 面的倾角 α。

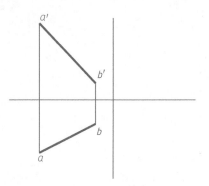

14. 已知直线 CD 的 V 面投影及点 C 的 H 面投影，CD 长 25mm，D 点在 C 点的前方，试补全直线的 H 面投影。

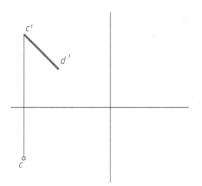

15. 已知直线 EF 的 H 面投影及点 E 的 V 面投影，$\alpha=30°$，F 点在 E 点的上方，补全其 V 面投影。

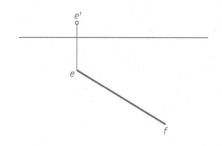

16. 直线 AB 和直线 CD 相交，交点 B 距离 H 面 15mm，作出 AB 的三面投影。

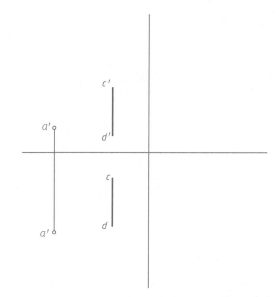

班级　　　姓名　　　学号

17. 判断并写出两直线的位置关系（平行、相交、交叉）。

(1)

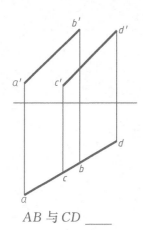

AB 与 CD ＿＿

(2)

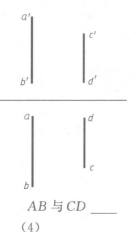

AB 与 CD ＿＿

(3)

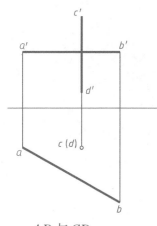

AB 与 CD ＿＿

(4)

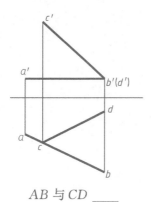

AB 与 CD ＿＿

18. 过点 A 作一直线，使之与直线 BC、DE 两直线都相交。

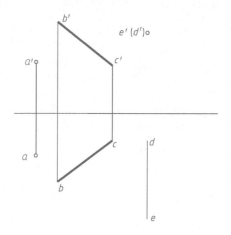

19. 作一直线，使之与直线 AB 平行，且与 CD、EF 两直线相交。
标出图中重影点的投影。

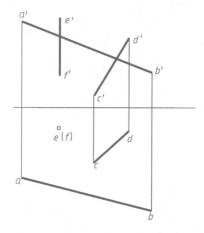

直线的投影（七）

20. 求作直线 AB，使其与两已知直线 CD、EF 交于点 A、B，且平行于直线 GJ。

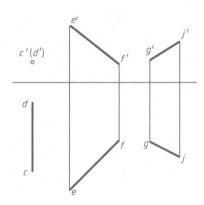

21. 过点 A 作水平线 AB，并与侧平线 CD 相交。

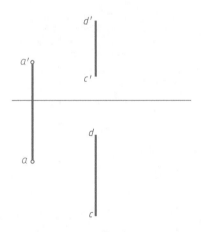

22. 根据第三面投影判断两直线 AB、CD 的相对位置关系。

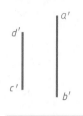

23. 作直线分别与 AB、CD 相交于 M、N 两点，MN 平行于 V 面且距 V 面为 20mm。

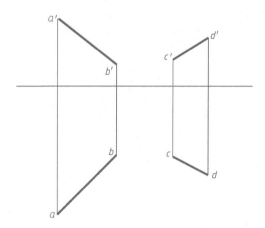

班级　　　姓名　　　学号

直线的投影（八）

24. 求点 A 到正平线 CD 的垂线的投影。

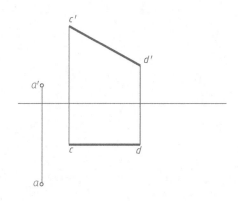

25. 求两平行直线 AB 与 CD 间距离的实长。

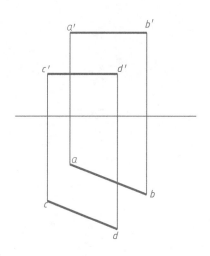

26. 求两交叉直线 EF 与 CD 的公垂线的投影。

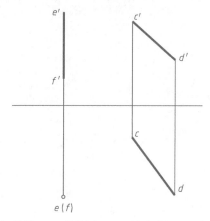

27. 求点 A 到水平线 CD 的距离 AB 的实长（B 为垂足）。

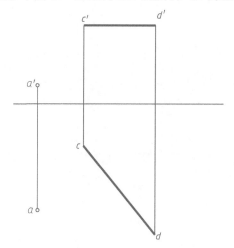

班级　　姓名　　学号

平面的投影（一）

1. 根据立体图，在投影图上找出△ABC、△ACD、△ADE 在三面投影图上的位置，并判断其对投影面的相对位置。

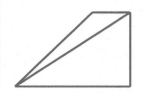 

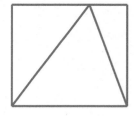 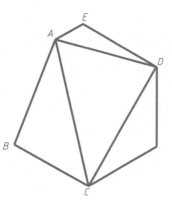

平面	对投影面的相对位置
△ABC	
△ACD	
△ADE	

2. 在投影图中作出平面 P、S、Q、R、T 的另两个投影，在立体图中标出各平面的位置，并填表。

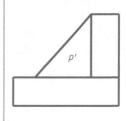 

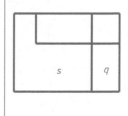 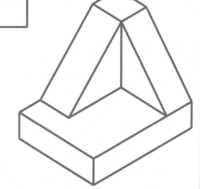

平面	对投影面的相对位置
P	
S	
R	
T	
Q	

平面的投影（二）

3. 根据平面的两面投影，作第三面投影，并判断其对投影面的相对位置。

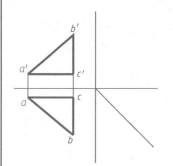

ABC 是 ____ 面

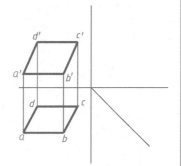

ABCD 是 ____ 面

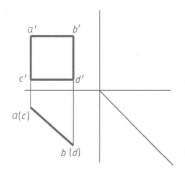

ABDC 是 ____ 面

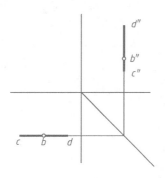

BCD 是 ____ 面

4. 铅垂面 ABC，$\beta=30°$，且 C 在 B 的左前方。作 ABC 的水平投影及侧面投影。

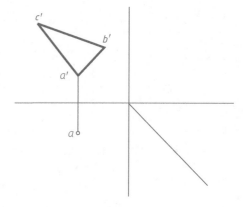

5. 正垂面 ABCDE，$\alpha=45°$且 A 距离 H 面 15mm，作 ABCDE 的正面投影及侧面投影。

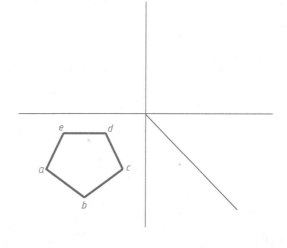

班级　　姓名　　学号

平面的投影（三）

6. 试判别下列各点是否在同一平面内，并填空。

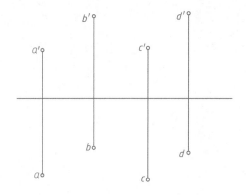

点 A、B、C、D ＿＿＿同一平面

7. 判别点 M、N 是否在三角形平面上。

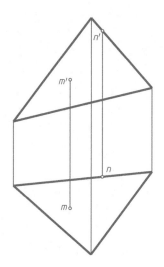

8. 已知点 M、N 在平面 $ABCD$ 上，求作它们的另一面投影。

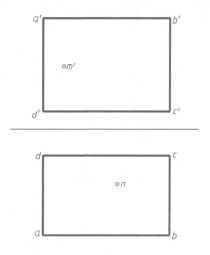

9. 试完成平面图形的 V 面投影。

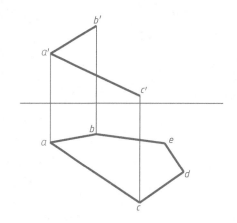

班级　　姓名　　学号

平面的投影（四）

10. 作平面内"K"字的 H 面投影。

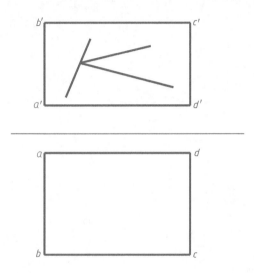

11. 求作平面内点 K 的 H 面投影和直线 MN 的 V 面投影。

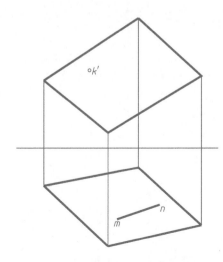

12. 判别直线 CD、BE 是否在三角形平面内。

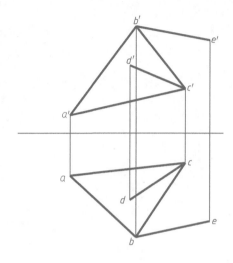

13. 在三角形平面内作一条距 H 面 20mm 的水平线。

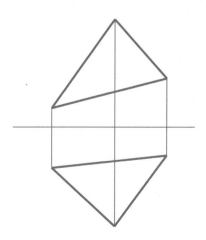

班级　　　姓名　　　学号

平面的投影（五）

14. 判断直线与平面的位置关系

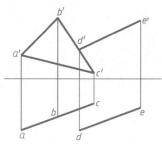

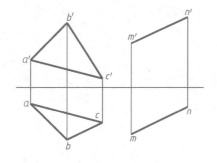

直线 DE ____ 平面 ABCD   直线 MN ____ 平面 ABCD

15. 过点 A 作直线 AB，与 CD 交于点 B，且与平面 EFG 平行。

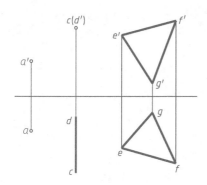

16. 过点 E 作一水平线，且平行于 AB、CD 所确定的平面。

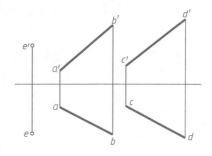

17. 过直线 CD 作一平面，平行于直线 AB。

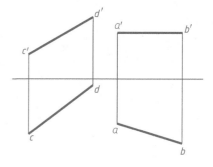

班级　　　姓名　　　学号

平面的投影（六）

18. 求直线与平面的交点，并判断可见性。

(1)

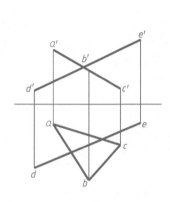

(2)

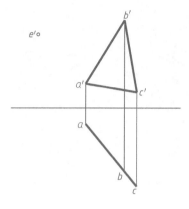

19. 已知 EF 垂直于平面 ABC，点 F 为垂足，$EF=20\text{mm}$，并知 E 的 V 面投影，求点 E 及点 F 的两面投影。

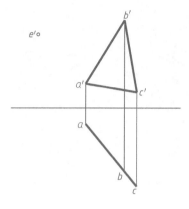

(3)

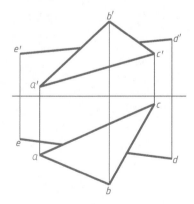

20. 过点 K 作直线 DK 垂直于平面 ABC。

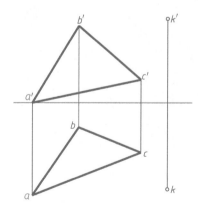

班级　　姓名　　学号

立体的投影（一）

1. 作基本形体的第三面投影。

(1)

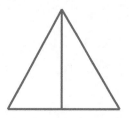

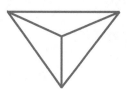

(2)

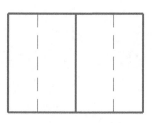

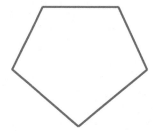

(3)

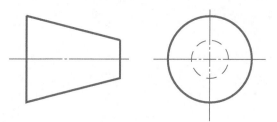

(4)

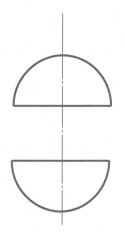

班级　　姓名　　学号

立体的投影（二）

2. 已知三棱柱体高 15mm，底面平行于 H 面且距离为 6mm，作三棱柱的其他两面投影。

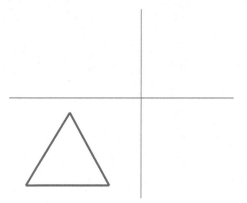

3. 完成下列立体的水平面投影，并作出表面点的投影。

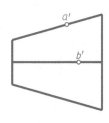 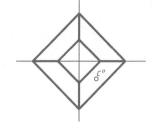

4. 求作立体表面上点的另两面投影。

（1）

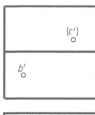 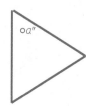

（2）

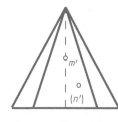 

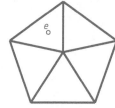

班级　　　姓名　　　学号

立体的投影（三）

5.（1）已知三棱柱的三面投影及其表面上的直线 AB 的投影 $a'b'$，求作该直线的另两面投影。

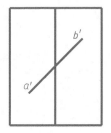

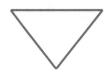

（2）已知四棱柱的三面投影及其表面上的直线 CD 的 W 面投影，求作该直线的另两面投影。

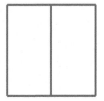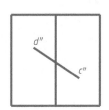

（3）已知五棱柱体表面的折线 $ABCD$ 的 V 面投影 $a'b'c'd'$，完成其 H 面及 W 面投影。

①

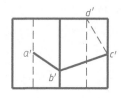

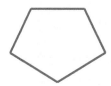

②

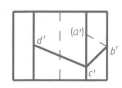

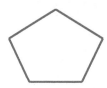

班级　　姓名　　学号

立体的投影（四）

6. 补全曲面体表面上点的投影。

（1）

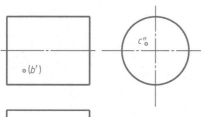

（2）

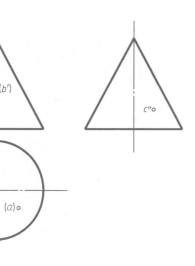

（3）

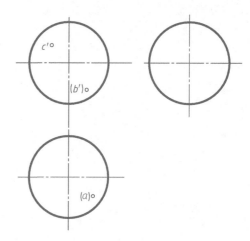

（4）

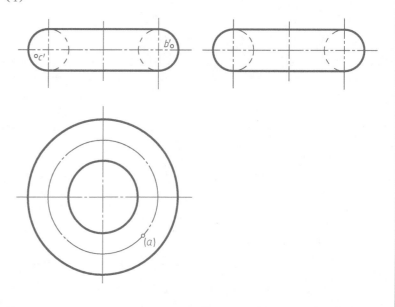

班级　　姓名　　学号

立体的投影（五）

7. 分析各组投影图所表达的基本体形状，并写出其名称。

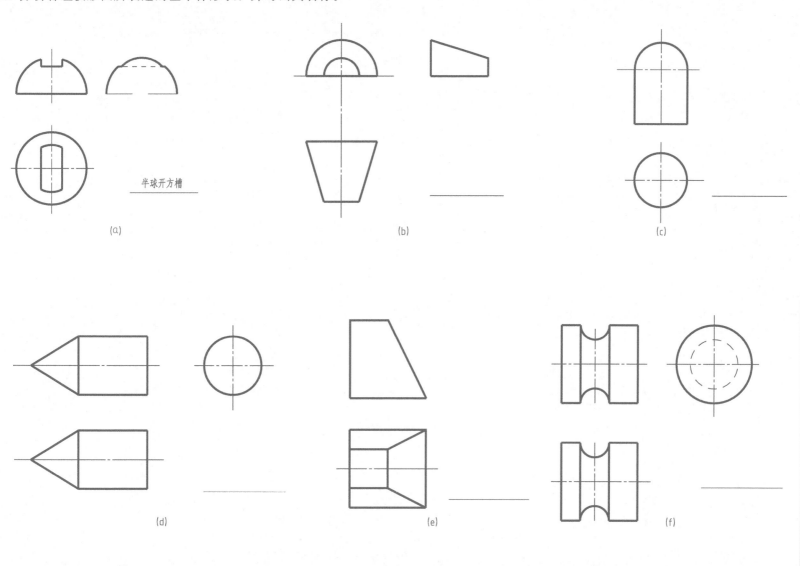

半球开方槽

(a)

(b)

(c)

(d)

(e)

(f)

班级　　　姓名　　　学号

立体的投影（六）

8. 已知四组投影图。水平面投影图形状一样，正面投影图不同，找出相应的侧面投影图，若给出的侧面投影图不对，请补画出。

正面、水平面投影图

| (1) | (2) | (3) | (4) |

侧面投影图

| A | B | C | D |

已知的正面、水平面投影图序号	(1)	(2)	(3)	(4)
填入正确的侧面投影图序号				

班级　　姓名　　学号

立体的投影（七）

9. 根据立体图补全其三面投影图。

（1）

（2）

（3）

（4）

立体的投影（八）

10. 根据立体图，作组合体的三面正投影图（尺寸从图中量取）。

(1)

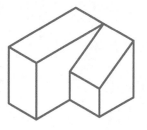

(2)

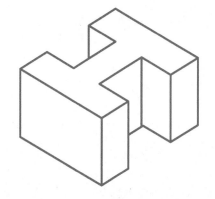

(3)

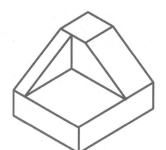

(4)

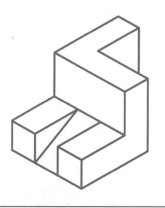

班级　　姓名　　学号

立体的投影（九）

11. 根据立体图，作组合体的三面正投影图（尺寸从图中量取）。

(1)

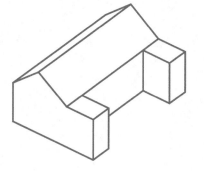

(2)

(3)

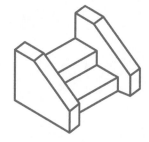

(4)

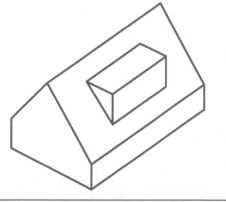

班级　　姓名　　学号

立体的投影（十）

12. 已知形体的两面投影，补画形体的第三面投影图。

(1)

(2)

(3)

(4)

立体的投影（十一）

13. 已知形体的两面投影，补画形体的第三面投影图。

（1）

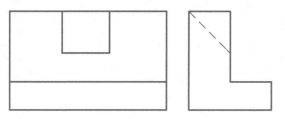

（2）

（3）

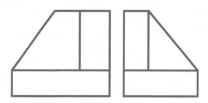

（4）

班级　　姓名　　学号

立体的尺寸标注（一）

1. 标注下列基本棱体的尺寸（尺寸按 1：1 在图中量取）。

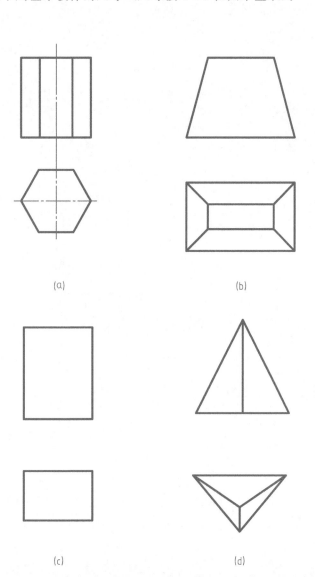

(a)

(b)

(c)

(d)

2. 标注下列回转体的尺寸（尺寸按 1：1 在图中量取）。

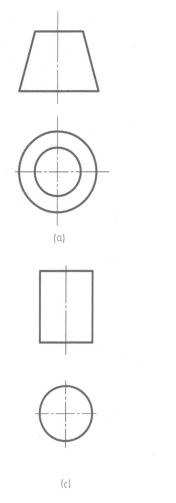
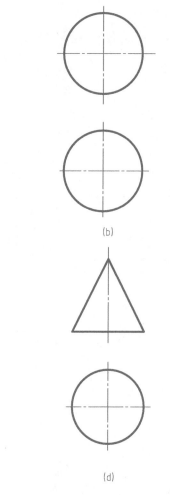

(a)

(b)

(c)

(d)

班级　　姓名　　学号

立体的尺寸标注（二）

3. 补齐投影图中应注出的尺寸（尺寸按 1：1 在图中量取）。

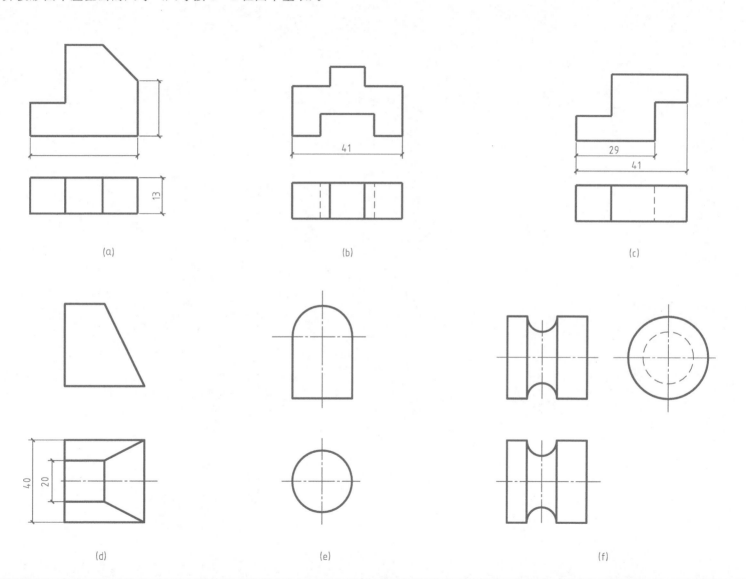

班级　　姓名　　学号

立体的尺寸标注（三）

4. 作组合体的投影图，并在投影图上注写尺寸。

(1)

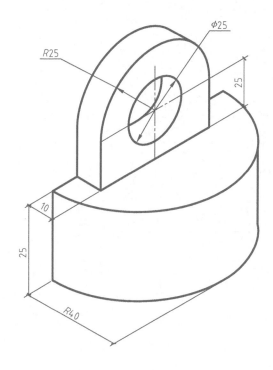

(2)

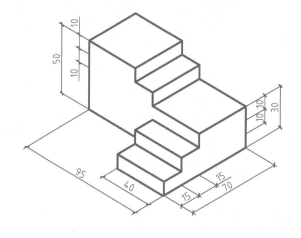

立体的尺寸标注（四）

5. 作组合体的投影图，并在投影图上注写尺寸。

(1)

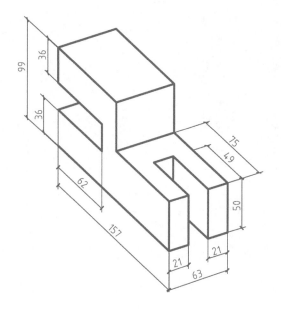

(2)

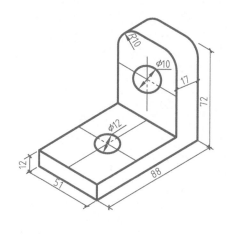

立体的尺寸标注（五）

6. 作组合体的投影图，并在投影图上注写尺寸。

(1)

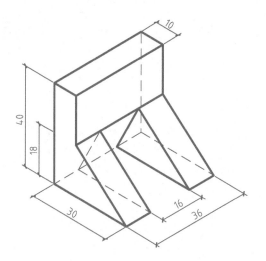

(2)

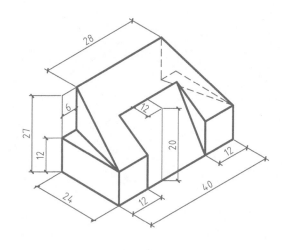

班级　　姓名　　学号

轴测图投影（一）

1. 补全形体的第三面投影图，并画正等轴测图（尺寸从图中量取）。

(1)

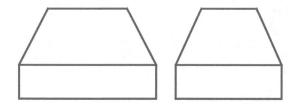

(2)

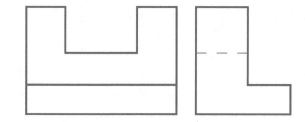

(3)

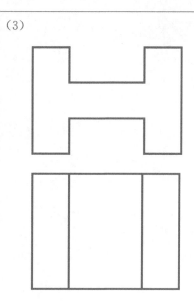

(4)

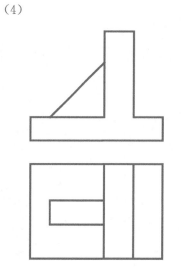

班级　　　姓名　　　学号

轴测图投影（二）

2. 补全形体的第三面投影图，并画正等轴测图（尺寸从图中量取）。

(1)

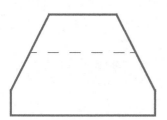 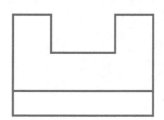

(2)

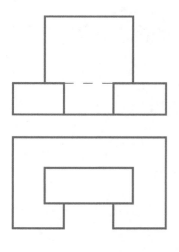

(3)

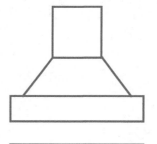

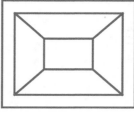

(4)

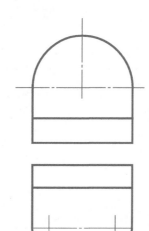

班级　　姓名　　学号

轴测图投影（三）

3. 作组合体的正面斜轴测图（尺寸从图中量取）。

(1)

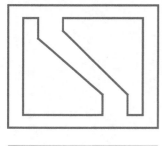

(2)

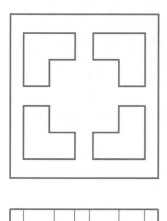

（3）作组合体的水平斜轴测图（尺寸从图中量取）。

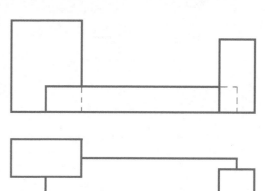

班级　　姓名　　学号

轴测图投影（四）

4. 作组合体的斜等测图。

(1)

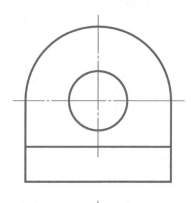

(2)

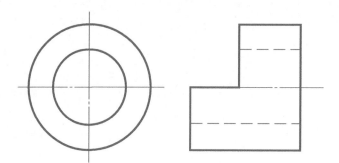

班级　　姓名　　学号

轴测图投影（五）

5. 作组合体的斜等测图。

(1)

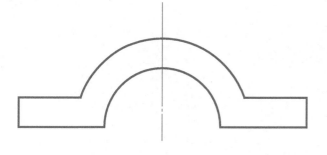

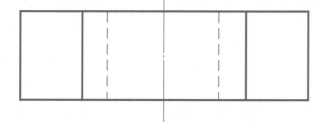

(2)

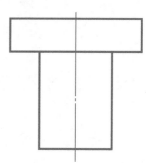

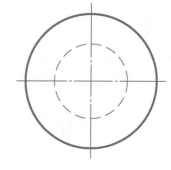

班级　　姓名　　学号

体表面的展开（一）

画体的表面展开图。

(1)

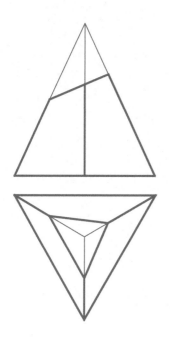

(2)

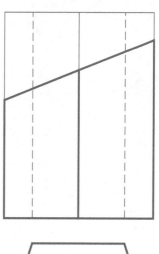

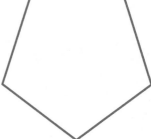

体表面的展开（二）

（3）

（4）

剖面图（一）

1. 画出下列形体的剖面图。

（1）

（2）

（3）

2. 根据投影图画半剖面图。

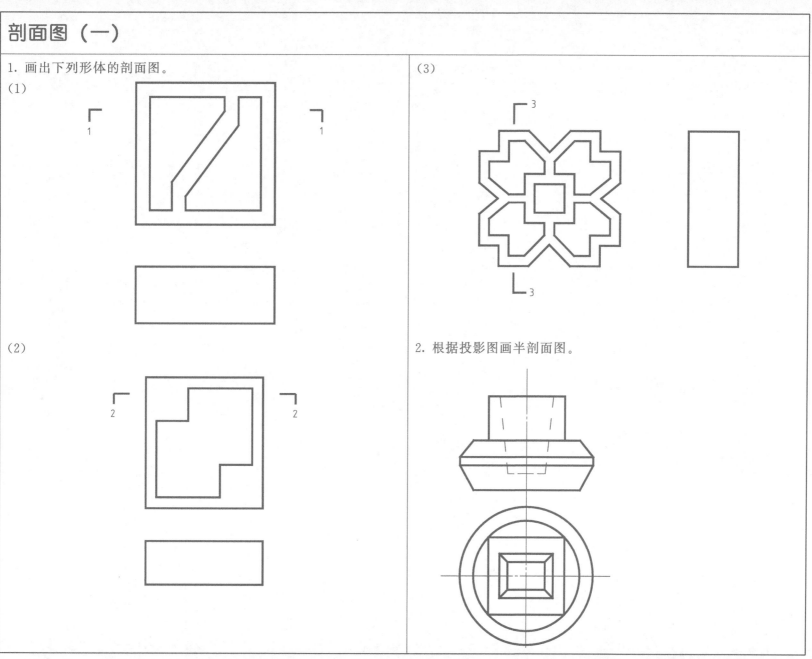

班级　　姓名　　学号

剖面图（二）

3. 根据已知的投影图，画出 1—1 剖面图。

(1)

(2)

4. 根据水平投影图画出 1—1 剖面图（检查井的高度自定）。

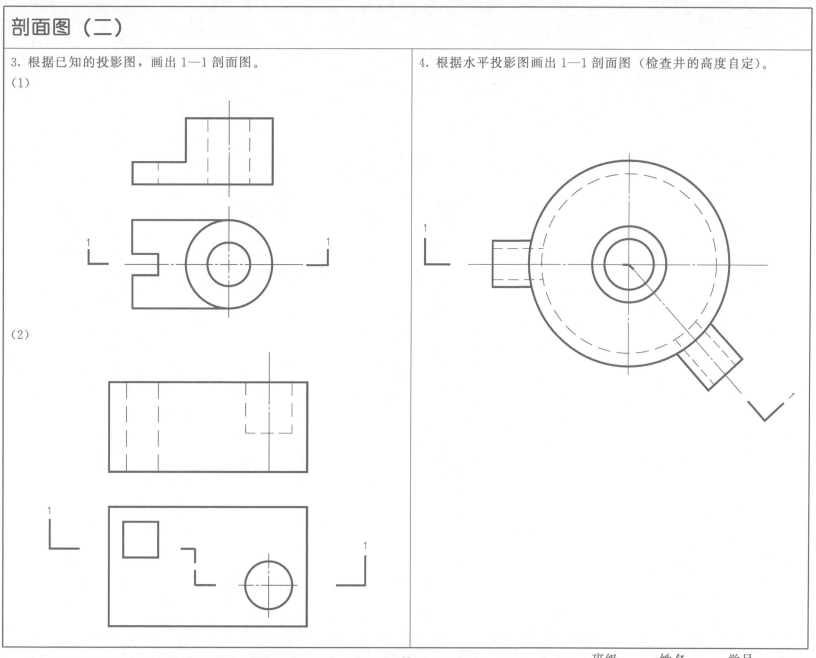

班级　　姓名　　学号

剖面图（三）

5. 根据已知的投影图，将其侧面投影图画成剖面图。

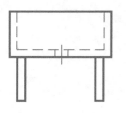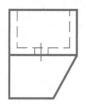

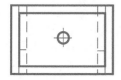

6. 根据投影图画出 1—1 剖面图。

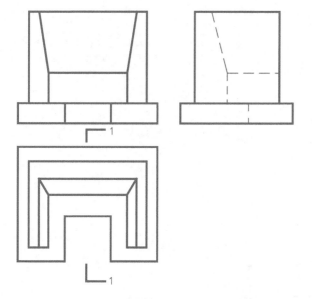

7. 补画 1—1 旋转剖面图中所漏画的线。

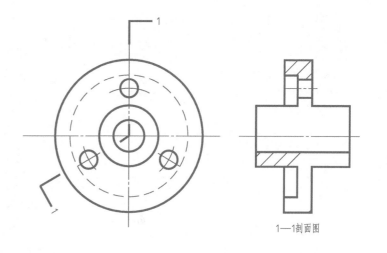

1—1剖面图

班级　　　姓名　　　学号

断面图

按指定位置画断面图。

(1)

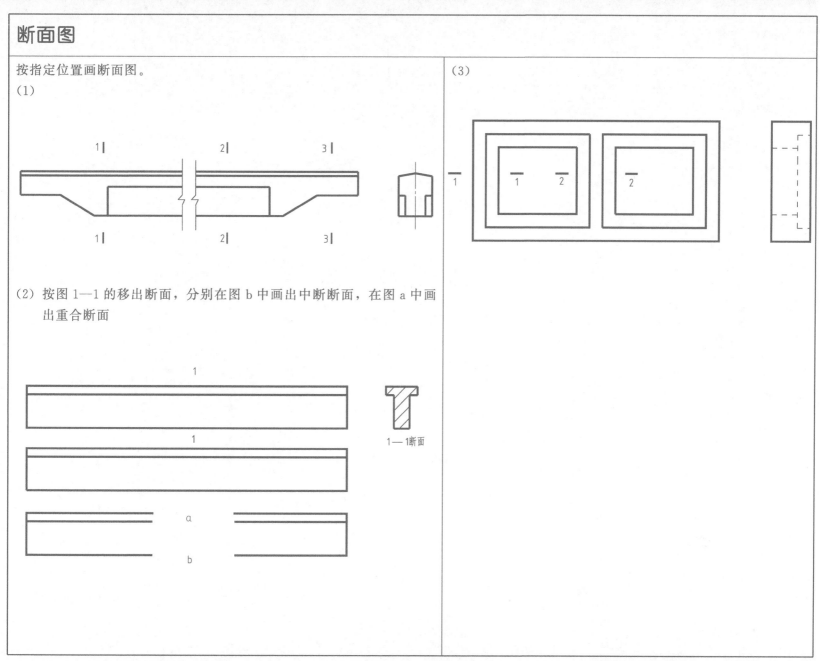

(2) 按图 1—1 的移出断面，分别在图 b 中画出中断断面，在图 a 中画出重合断面

1—1断面

(3)

班级　　姓名　　学号